BEI GRIN MACHT SICH IHR
WISSEN BEZAHLT

- Wir veröffentlichen Ihre Hausarbeit,
  Bachelor- und Masterarbeit

- Ihr eigenes eBook und Buch -
  weltweit in allen wichtigen Shops

- Verdienen Sie an jedem Verkauf

Jetzt bei www.GRIN.com hochladen
und kostenlos publizieren

Jessica Rihm

Landwirtschaft in Baden-Württemberg - früher und heute

GRIN Verlag

Bibliografische Information der Deutschen Nationalbibliothek:

Die Deutsche Bibliothek verzeichnet diese Publikation in der Deutschen National-
bibliografie; detaillierte bibliografische Daten sind im Internet über http://dnb.d-
nb.de/ abrufbar.

Impressum:

Copyright © 2008 GRIN Verlag GmbH
Druck und Bindung: Books on Demand GmbH, Norderstedt Germany
ISBN: 978-3-640-14596-6

Dieses Buch bei GRIN:

http://www.grin.com/de/e-book/113887/landwirtschaft-in-baden-wuerttemberg-
frueher-und-heute

GRIN - Your knowledge has value

Der GRIN Verlag publiziert seit 1998 wissenschaftliche Arbeiten von Studenten, Hochschullehrern und anderen Akademikern als eBook und gedrucktes Buch. Die Verlagswebsite www.grin.com ist die ideale Plattform zur Veröffentlichung von Hausarbeiten, Abschlussarbeiten, wissenschaftlichen Aufsätzen, Dissertationen und Fachbüchern.

Besuchen Sie uns im Internet:

http://www.grin.com/

http://www.facebook.com/grincom

http://www.twitter.com/grin_com

Pädagogische Hochschule Heidelberg
Wintersemester 2007/08
Jessica Rihm

Landwirtschaft in Baden-Württemberg – früher und heute

Inhaltsverzeichnis

1   Einleitung... 3

2   Landwirtschaft früher und heute 3

   2.1   Kurzer Abriss der Landwirtschaftsgeschichte bis 1949 3

   2.2   Landwirtschaft in Baden-Württemberg um 1950 und heute 3

      2.2.1   Verstädterung... 4

      2.2.2   Verkehrswesen 5

      2.2.3   Erwerbstätigkeit in Land- und Forstwirtschaft....................................... 5

      2.2.4   Technik und Mechanisierung 6

      2.2.5   Betriebsgrößenstruktur.. 7

      2.2.6   Agrarpolitik 9

3   Literaturverzeichnis 11

1 Einleitung

Landwirtschaft in Baden-Württemberg ist - früher wie heute - eine Wirtschaft der produktiven Vielfalt: Durch die unterschiedlichen klimatischen und geologischen Bedingungen werden hier eine Vielzahl unterschiedlichster Kulturen angebaut und von der anspruchsvollen Bevölkerung verzehrt. Diese Tatsache hat sich über sie Jahre kaum verändert.

2 Landwirtschaft früher und heute

2.1 Kurzer Abriss der Landwirtschaftsgeschichte bis 1949

Vor circa 6500 Jahren siedelten die Bandkeramiker im Gebiet des heutigen Baden-Württembergs entlang der fruchtbaren Rheinebene und betrieben dort den ersten Ackerbau des Landes. Die schwer zu bewirtschaftenden Mittelgebirge (Schwarzwald und Schwäbische Alb) wurden erst vor etwa 1000 Jahren eingenommen. Von der frühen Art der Bodennutzung zu Altsiedlungszeiten mit der Feld-Gras-Wirtschaft, über die Drei-Felder-Wirtschaft ab 800 n.Chr. bis zu den Flurbereinigungen ab dem 17. Jahrhundert entwickelte sich die Landwirtschaft im heutigen Baden-Württemberg stetig weiter. Doch in den letzten 150 Jahre kam es gerade im Zuge der Industrialisierung durch bahnbrechende Erfindungen, wie die der Dampfmaschine, zu weitreichenden Veränderungen in der Landwirtschaft.

2.2 Landwirtschaft in Baden-Württemberg um 1950 und heute

Nicht nur in Baden-Württemberg, in ganz Europa gab es immer wieder bedeutende Ereignisse und Erfindungen, welche der Landwirtschaft sowohl in positiver als auch in negativer Weise entsprachen.

Seit Mitte des 20. Jahrhundert taten sich allerdings in kürzester Zeit eine Vielzahl charakteristischer Veränderungen in der Landwirtschaft des heutigen Landesgebietes von Baden-Württemberg auf. Somit veränderte sich nicht nur der Alltag des einzelnen Landwirtes, auch die Stellung dieses Berufes in der Gesellschaft wurde verschoben. Landwirte siedelten sich außerhalb der Dorfgemeinschaften an, um im Zentrum der zu bewirtschaftenden Flächen zu leben. Die jungen Landwirte legten eine ausführliche und intensive Ausbildung ab. Im Folgenden soll näher auf die einzelnen Aspekte der Landwirtschaft – ‚früher' und ‚heute' – eingegangen werden.

2.2.1 Verstädterung

Während die Bevölkerungszahl auf dem heutigen Bundesgebiet Baden-Württembergs im Jahr 1900 noch bei 4,1 Millionen lag, war sie bis 1961 bereits auf 7,7 Millionen angestiegen. Gerade den Städten kam dieser Bevölkerungsanstieg zugute, da sie als „Kristallisationskerne für die Erweiterung von Industrie und Dienstleistungssektor" (BORCHERDT 1985: 173) fungierten und so die Menschen anzogen (Vgl. Abb. 2.1).

Abbildung 2.1: Zu- und Abnahme der Bevölkerung 1950-1961

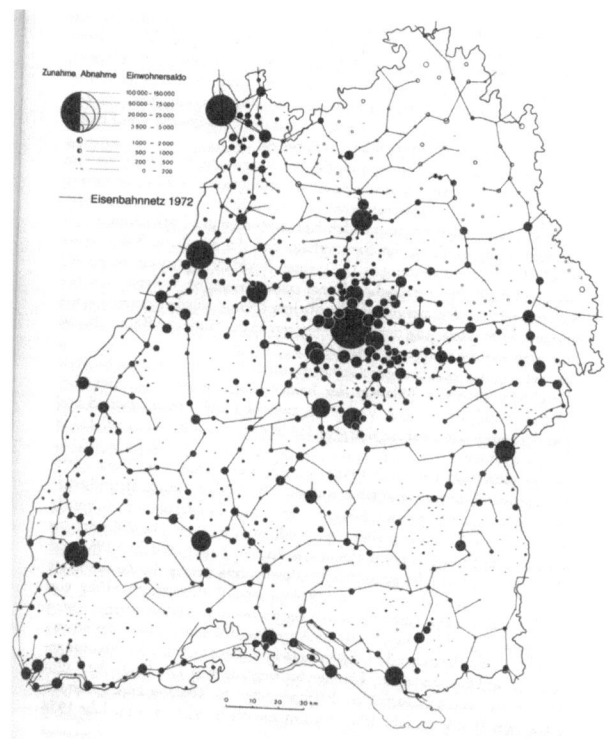

Quelle: BORCHERDT 1985: 183.

4

So vergrößerten sich und entstanden neue Städte in ganz Deutschland und insbesondere in Baden-Württemberg. 1970 zählten 14 der 68 Stadtregionen ganz oder teilweise zu diesem Bundesland (BORCHERDT 1985: 173). Heute leben im Gebiet Baden-Württembergs knapp 11 Millionen Menschen. Allein im Stadtkreis Stuttgart sind es 593 923 Einwohner mit einer Einwohnerdichte von 2 864 Personen pro Quadratmeter. Doch der größere Anteil entfällt auf den ländlichen Raum (Statistisches Landesamt BW). So leben im ländlichen Raum der Region Stuttgarts gut 2 Millionen Menschen. Doch auch schon 1950 lebten in Stuttgart knapp 500 000 Menschen (Statistisches Landesamt BW). Folge dieser immer größer werdenden Städte waren schon damals umfangreiche Bodenverluste wertvoller landwirtschaftlicher Flächen. Auch der ländlicher gelegene Raum begann immer mehr unter dem Wachstum der Städte zu leiden, als dieser mehr und mehr als Naherholungs- und Feriengebiet genutzt wurde (BORCHERDT 1985: 176). Verstärkt wurde dieser Trend noch durch den Aufschwung im Verkehrswesen.

2.2.2 Verkehrswesen

Die Revolutionierung im Verkehrswesen stellte, neben anderen Faktoren, eine neue Möglichkeit zur marktorientierten Produktion im Agrarsektor dar (BORCHERDT 1985: 176). 1955 wurden noch knapp zwei Drittel des Güterverkehrs per Bahn abgewickelt, bis 1977 hatte sich diese Relation der Verkehrswege völlig umgedreht. Nun entfielen drei Viertel des Güterverkehrs auf Straßenverkehrswege (BORCHERDT 1985: 177). Um 1950 hatten nur wenige Einwohner Baden-Württembergs ein eigenes Auto zur Verfügung. Doch die Zahl der privat genutzten Fahrzeuge stieg von nun an stetig an. Wer der Landwirtschaft den Rücken kehrte, konnte nun mit dem eigenen PKW selbst in der entfernten Stadt einen Arbeitsplatz einnehmen.

2.2.3 Erwerbstätigkeit in Land- und Forstwirtschaft

Die Zahl der im Land- und Forstwirtschaftlichen Gewerbe arbeitenden Personen lag 1939 bei 31,7% und sank bis 1950 auf 26,1%. So bearbeiteten in Baden-Württemberg 1960 immerhin 25 Personen eine Fläche von 100 Hektar Land (BORCHERDT 1985: 179). Die gleiche Fläche wird heute von etwa 5 Personen bearbeitet. Der Anteil der hauptberuflich in Land- und Forstwirtschaft beschäftigten Menschen beträgt in Baden-Württemberg nur noch 2,4% (FLIK 2002: 45). Insbesondere die steigende Mechanisierung trug ab 1950 ihren Teil zur Abkehr von

Land- und Forstwirtschaft bei. Abbildung 2.2 verdeutlicht den Rückgang der Zahlen, von in der Landwirtschaft arbeitenden Personen (in ganz Deutschland).

Abbildung 2.2: Beschäftigte in der Landwirtschaft

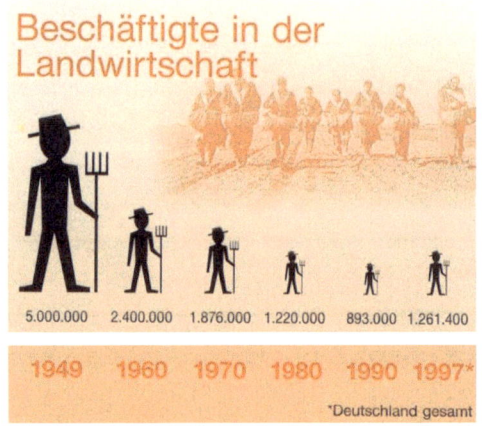

Quelle: i.m.a 2004: 12.

2.2.4 Technik und Mechanisierung

Nachdem bis zum zweiten Weltkrieg zunächst die Ablösung der Handarbeit durch mechanische Geräte im Vordergrund stand, gewann nach 1945 der Einsatz von Schleppern zur Ablösung der tierischen Zugkraft an Bedeutung (KLUGE 2005: 38) (Vgl. Abb. 2.3).

Zu Beginn dieser Entwicklung war es jedoch nur den Großbetrieben möglich von der motorischen Zugkraft zu profitieren. Insbesondere die Kleinbauern im Realteilungsgebiet konnten sich einen Schlepper nur im Gemeinschafts- oder Genossenschaftsverbund leisten. Doch schon 1953 arbeitete jeder 25. kleinbäuerliche Betrieb mit einem eigenen Schlepper (BORCHERDT 1985: 197).

Abbildung 2.3: Veränderungen in der Zugtierhaltung 1950-1965

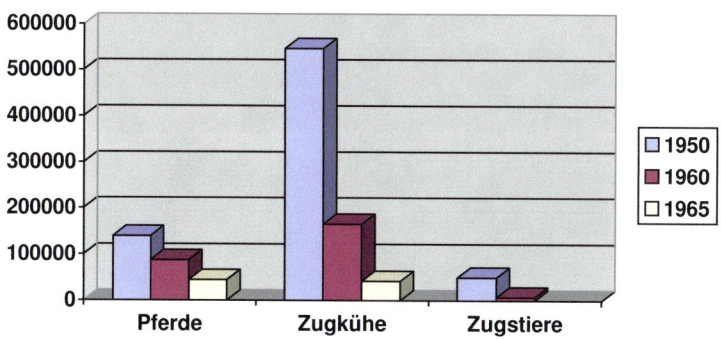

Quelle: Eigene Darstellung, Datengrundlage: (BORCHERDT 1985: 198)

Der Grad der Mechanisierung und Motorisierung hat heute beinahe seinen Höchststand erreicht. Neuerungen im technischen Bereich beziehen sich vielmehr auf moderne computergesteuerte Systeme wie klimatisierte Ställe, Melkroboter, Futtercomputer oder hochsensible Erntemaschinen (i.m.a 2004: 6ff). Die hochtechnisierte Landwirtschaft konnte jedoch auch für eine enorme Produktivitätssteigerung sorgen. Auch der Einsatz von hochwertigem Saatgut, Mineraldünger und wirksamen Pflanzenschutzmitteln trug seinen Teil zur Steigerung der Flächenerträge bei (Kluge 2005: 38). Dabei hat in den letzten Jahren die ökologische Landwirtschaft an Bedeutung gewonnen. 8% der Baden-Württembergischen Betriebe „wirtschaften nach den Regeln des ökologischen Landbaus" und ihre Zahl nimmt ständig zu (LANDESPORTAL BADEN-WÜRTTEMBERG 2008: 1).

2.2.5 Betriebsgrößenstruktur

Noch in den Jahren nach dem zweiten Weltkrieg lag die durchschnittliche Größe eines landwirtschaftlichen Betriebes bei 8 bis 10 Hektar. In den späten 1950er Jahren waren es für Aussiedlerhöfe 12-15 Hektar (BORCHERDT 1985: 175). Doch Rationalisierung und Produktivitätssteigerung verlangten große Landflächen, welche möglichst ökonomisch bewirtschaftet werden sollten. Gerade im Zuge der EG-Agrarpolitik, halbierte sich nach 1950 die Zahl der Landwirtschaftsbetriebe im Gebiet Baden-Württembergs auf 1,3 Millionen (Vgl. Abb. 2.4).

Abbildung 2.4: Abnahme der Zahl der landwirtschaftlichen Betriebe in ganz Deutschland

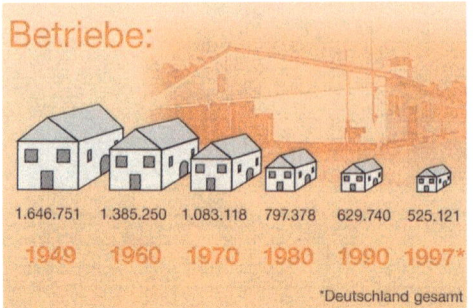

Quelle: i.m.a 2004: 12.

Die verbleibenden Betriebe gewannen immer mehr an Größe, so dass heute von einer durchschnittlichen Betriebsfläche von 23,9 Hektar gesprochen werden kann (MINISTERIUM FÜR ERNÄHRUNG UND LÄNDLICHEN RAUM 2006: 1). In Baden-Württemberg gibt es dennoch 40% Klein- und Mittelbetriebe mit einer Betriebsgröße von weniger als 10 Hektar. Dies ist durch die mit wenig Fläche auskommenden Sonderkulturbetriebe und den hohen Anteil der Nebenerwerbsbetriebe zu erklären (LANDESPORTAL BADEN-WÜRTTEMBERG 2008: 1).

Auch die Zahlen der Viehbestände veränderten sich in den vergangenen fünfzig Jahren beachtlich: während 1950 beispielsweise noch ein Bestand von 1219,3 Tausend Schweinen gezählt wurde, haben sich die Zahlen bis heute fast verdoppelt (vgl. Abb. 2.5; LANDESPORTAL BADEN-WÜRTTEMBERG 2008: 4; BORCHERDT 1985: 214). Begründet wird der rasche Anstieg dieser Zahlen durch das gestiegene Einkommen der Bevölkerung, welches folglich auch „den Schweinefleischverbrauch anwachsen ließ" (BORCHERDT 1985: 215). Die Anzahl der Tiere verteilt sich heute jedoch auf weit weniger Landwirte als noch vor 50 Jahren (LANDESPORTAL BADEN-WÜRTTEMBERG 2008: 4). Hochspezialisierte Qualitätstierhaltungen sind zum Standard in der hochsensiblen Mastschweinehaltung geworden.

Abbildung 2.5: Entwicklung des Viehbestandes 1938 bis 2005

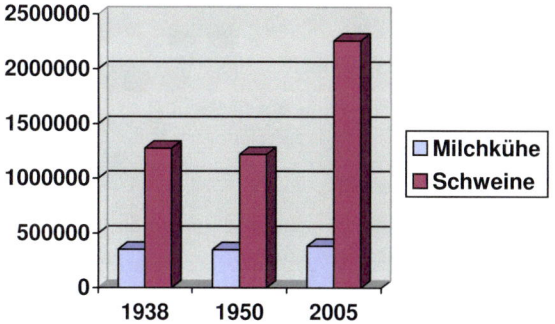

Quelle: eigene Darstellung, Datengrundlage: (LANDESPORTAL BADEN-WÜRTTEMBERG 2008: 4; Borcherdt 1985: 214).

Die Zahlen des Milchkuhbestandes dagegen veränderten sich nicht wesentlich: Nach dem Krieg waren die Betsandszahlen zunächst von 353,8 auf 352,2 Tausend Milchkühen gesunken um bis 2005 auf eine Zahl von 385,3 Tausend Tieren anzusteigen (Vgl. Abb. 2.5). Doch auch hier kam es zu einer Umverteilung der Besitzzahlen. Kleinere Betriebe mit ein bis vier Kühen nahmen bis in die 70er Jahre um 43% und Halter von fünf bis neun Kühen sogar um mehr als die Hälfte ihres Ausgangsbestandes ab (BORCHERDT 1985: 215). Viele Landwirte spezialisierten sich nun auf eine oder wenige Vieharten und auch Anbausorten. Gerade im Zuge der immer deutlicher eingreifenden Agrarpolitik wurde dieser Strukturwandel noch verstärkt.

2.2.6 Agrarpolitik

Bereits ab dem Jahr 1950 begann man in Südwestdeutschland verstärkt agrarpolitische Bestrebungen umzusetzen. So sollten zunächst, die wegen Realteilung zerstreuten Grundstücksparzellen der Landwirte, anhand einer großflächigen Flurbereinigung systematisch neu geordnet werden (BORCHERDT 1985: 201). Weitere Maßnahmen zielten auf den Ausbau der landwirtschaftlichen Wegenetze, Aussiedlungen und bereits in dieser Zeit, auf die Möglichkeit eines angemessenen Einkommens für Landwirte um eine „mit anderen Berufstätigen gleichwertige soziale Situation zu finden" (BORCHERDT 1985: 201). Doch all diese Entwicklungen vollzogen sich nur in bescheidenem Umfang. Erst mit dem Beitritt Deutschlands zur Europäischen Wirtschaftsgemeinschaft kam es zu einer beschleunigten Entwicklung. Diese führte zu tiefgreifenden Veränderungen in der landwirtschaftlichen Betriebsstruktur (BORCHERDT 1985: 202) und verkleinerte den Spielraum der freien Marktwirtschaft im Agrarsektor (BORCHERDT 1985: 172).

Eckdaten zur Europäischen Agrarpolitik

> **1957** Gründung der Europäischen Wirtschaftsgemeinschaft (EWG)
>
> **1964** Festlegung von Getreidepreisen und unbeschränkten Abnahmegarantien
>
> **1984** Einführung der Milchquote wegen hoher Überschüsse („Milchseen", „Butterberge") und Ausgaben für den EG-Markt
>
> **1992** Aufnahme der Agenda 2000: Senkung der Erzeugerpreise, direkte Ausgleichszahlungen, Flächenstillung u.a.
>
>   - Konsolidierung des EU-Haushalts
>
>   - Vorbereitung der Aufnahme weiterer Länder in die EU
>
>   - Umsetzung von Forderungen der WTO
>
> **2004** EU-Osterweiterung

(HERBERS o.J.: 5)

Heute kann kaum ein Landwirt ohne staatliche Zuschüsse überleben. Hohe Sozial-, Hygiene-, Umwelt- und Tierschutzstandards erschweren den Wettbewerb, eine Produktion zu Weltmarktpreisen ist kaum möglich und macht die Bauern von Ausgleichsleistungen abhängig (LANDESPORTAL BADEN-WÜRTTEMBERG o.J.: 1).

3 Literaturverzeichnis

BORCHERDT, CHRISTOPH; ET AL (1985) : Die Landwirtschaft in Baden und Württemberg 1850 – 1980. (Schriften zur politischen Landeskunde Baden-Württembergs: Band 12). Stuttgart.

ECKART, KARL (1998): Agrargeographie Deutschlands. Agrarraum und Agrarwirtschaft Deutschlands im 20. Jahrhundert. Gotha.

FLIK, REINER (2002): Von der Agrar- zur Dienstleistungsgesellschaft Baden-Württembergs 1800-2000. – In: COST, HILDE; KORBER-WEIK, MARGOT (Hrsg., 2002): Die Wirtschaft von Baden-Württemberg im Umbruch (Schriften zur politischen Landeskunde Baden-Württembergs: Band 29). Stuttgart, S. 44-68.

GONSCHOREK, GERNOT; SCHNEIDER, SUSANNE (2003): Einführung in die Schulpädagogik und die Unterrichtsplanung. Donauwörth.

KLUGE, ULRICH (2005): Agrarwirtschaft und ländliche Gesellschaft im 20. Jahrhundert (Enzyklopädie deutscher Geschichte: Band 73). München.

MINISTERIUM FÜR ERNÄHRUNG, LANDWIRTSCHAFT, WEINBAU UND FORSTEN (Hrsg. 1966): Die Landwirtschaft in Baden-Württemberg – Orientierungsprogramm. Grundlagen der Anpassung, Entwicklungsziele. Stuttgart.

MINISTERIUM FÜR ERNÄHRUNG UND LÄNDLICHEN RAUM (Hrsg. 2006): Landwirtschaft in Baden-Württemberg 2006. Stuttgart.

Internetartikel:

HERBERS, H. (o.J.): Agrargeographie und ländlicher Raum (Teil III): http://www.geographie.uni-erlangen.de/hherbers/lehre/agrargeographieIII_0506 ws.pdf, 19.03.2008

Landesportal Baden-Württemberg (o.J.): Struktur der Landwirtschaft: http://www.baden-wuerttemberg.de/de/Struktur_der_Landwirtschaft/85793.html, 19.03.2008